L' ambiente Della Terra

considerando le risorse ambientali

By Sandra Hayes

Contenuti

Capitolo 1: Universo

L'universo è tutto lo spazio e tutto ciò che contiene, inclusa tutta la materia, l'energia e le galassie. Si ritiene che abbia avuto origine con il Big Bang circa 13,8 miliardi di anni fa e da allora si è espansa. L'universo contiene innumerevoli galassie, stelle, pianeti e altri corpi celesti, oltre a materia oscura ed energia oscura, che attualmente non sono ben comprese dagli scienziati. La nostra comprensione dell'universo è in continua evoluzione man mano che vengono fatte nuove scoperte attraverso osservazioni ed esperimenti.

Come siamo arrivati a conoscere l'universo come lo conosciamo oggi?

La nostra comprensione dell'universo si è evoluta nel tempo, dalle antiche credenze e miti alle moderne teorie e osservazioni scientifiche. Ecco una breve panoramica di come si è sviluppata la nostra conoscenza dell'universo:

Antiche civiltà: Antiche civiltà, come i Greci e i Babilonesi, osservavano e registravano i moti delle stelle e dei pianeti. Svilupparono modelli per spiegare questi movimenti, come il modello geocentrico, che poneva la Terra al centro dell'universo.

Rinascimento: durante il Rinascimento, i progressi della matematica e dell'astronomia portarono allo sviluppo del modello eliocentrico, che poneva il Sole al centro del sistema solare. Questo modello è stato proposto da Nicolaus Copernicus e successivamente perfezionato da Johannes Kepler .

Illuminismo: L'era dell'Illuminismo vide ulteriori progressi nell'astronomia, come la scoperta delle leggi del moto da parte di Sir Isaac Newton. Queste leggi hanno permesso agli scienziati di calcolare le orbite dei pianeti e di prevedere i loro movimenti.

Era moderna: Nell'era moderna, gli astronomi hanno utilizzato strumenti sempre più sofisticati per osservare e studiare l'universo. Telescopi e altri strumenti ci hanno permesso di osservare galassie e stelle lontane e di studiare le proprietà della materia e dell'energia in tutto l'universo. Lo sviluppo di nuove tecnologie come sonde spaziali e satelliti ci ha permesso anche di esplorare il sistema solare e non solo.

Comprensione attuale: la nostra attuale comprensione dell'universo si basa sulle teorie della fisica moderna, come la teoria della relatività e la meccanica quantistica. Queste teorie ci hanno aiutato a comprendere il comportamento della materia e dell'energia alle scale più piccole e più grandi. Gli scienziati continuano a studiare l'universo ea sviluppare nuove teorie e modelli per spiegarne le proprietà e l'evoluzione.

In sintesi, la nostra conoscenza dell'universo si è evoluta nel tempo attraverso l'osservazione, la sperimentazione e l'indagine scientifica, portando a modelli e teorie sempre più sofisticati che ci aiutano a comprendere l'universo come lo conosciamo oggi.

Come si tiene accesa una stella ?

Una stella è mantenuta accesa dal processo di fusione nucleare, che avviene al suo interno. La pressione e la temperatura estreme nel nucleo di una stella fanno sì che i nuclei degli atomi di idrogeno si fondano insieme per formare atomi di elio, rilasciando un'enorme quantità di energia nel processo.

Il processo di fusione in una stella richiede una temperatura di milioni di gradi Celsius e un'immensa pressione per superare la repulsione elettrostatica tra i nuclei atomici caricati positivamente. La pressione è fornita dalla massa della stella, che crea una forza gravitazionale che comprime il nucleo e ne aumenta la temperatura.

Man mano che la stella brucia, converte gradualmente l'idrogeno nel suo nucleo in elio e l'energia rilasciata da questo processo è ciò che impedisce alla stella di collassare sotto la sua stessa gravità. A seconda della massa della stella, questo processo può continuare per miliardi di anni, fino a quando l'idrogeno nel nucleo si esaurisce e la stella inizia a subire altre reazioni nucleari che alla fine portano alla sua morte finale.

Cosa risiede nel mezzo dell'universo?

Per quanto riguarda la nostra attuale comprensione dell'universo, non c'è un "mezzo" nell'universo. Si pensa che l'universo sia omogeneo e isotropo su scale molto grandi, il che significa che sembra più o meno lo stesso in tutte le direzioni e non ha centro o bordo.

Infatti, secondo la teoria del Big Bang, l'universo iniziò come un punto caldo, denso e infinitamente piccolo chiamato singolarità, che si espanse rapidamente in tutte le direzioni. Da allora, l'universo ha continuato ad espandersi, ma non esiste un punto centrale di espansione o un quadro di riferimento preferito che possa essere identificato come il "mezzo" dell'universo.

Pertanto, il concetto di centro dell'universo non è applicabile nella cosmologia moderna.

Come sono gli ambienti interni dei pianeti?

I pianeti interni, noti anche come pianeti terrestri, sono i quattro pianeti più vicini al Sole: Mercurio, Venere, Terra e Marte. Ciascuno di questi pianeti ha un ambiente unico, ma tutti condividono alcune caratteristiche comuni dovute alla loro vicinanza al Sole.

Mercurio è il pianeta più piccolo e più interno del sistema solare. Il suo ambiente è caratterizzato da fluttuazioni di temperatura estreme, con temperature che vanno da -290 gradi Fahrenheit (-180 gradi Celsius) a 800 gradi Fahrenheit (430 gradi Celsius) a causa della sua vicinanza al sole. La superficie del pianeta è fortemente craterizzata e non c'è atmosfera di cui parlare.

Venere è il secondo pianeta dal Sole ed è spesso indicato come il pianeta gemello della Terra a causa delle sue dimensioni e composizione simili. Tuttavia, il suo ambiente è molto diverso da quello terrestre. Venere ha un'atmosfera densa e tossica composta principalmente da anidride carbonica, con nubi di acido solforico che oscurano completamente la superficie del pianeta. La temperatura su Venere può raggiungere fino a 864 gradi Fahrenheit (462 gradi Celsius), rendendolo il pianeta più caldo del sistema solare.

La Terra, il terzo pianeta dal Sole, ha un ambiente unico che supporta un'ampia varietà di forme di vita. L'atmosfera terrestre è composta principalmente da azoto e ossigeno, con piccole quantità di altri gas come anidride carbonica, metano e vapore acqueo. La temperatura del pianeta varia a seconda della posizione e della stagione, ma la temperatura media è di circa 59 gradi Fahrenheit (15 gradi Celsius).

Marte è il quarto pianeta dal Sole ed è spesso chiamato "Pianeta Rosso" per via del suo colore ruggine. Il suo ambiente è simile a quello di

Mercurio in quanto ha un'atmosfera sottile e fluttuazioni di temperatura dovute alla sua distanza dal Sole. Tuttavia, Marte ha un'atmosfera più significativa di Mercurio, composta principalmente da anidride carbonica, e la sua superficie è segnata da valli, canyon e crateri da impatto.

Nel complesso, i pianeti interni hanno ambienti unici fortemente influenzati dalla loro vicinanza al Sole. Questi pianeti vanno da ambienti estremamente caldi e ostili come Venere ad ambienti più ospitali come la Terra.

Come appaiono le cose sui pianeti esterni?

I pianeti esterni, noti anche come giganti gassosi, sono Giove, Saturno, Urano e Nettuno. Questi pianeti sono molto diversi dai pianeti interni rocciosi, come la Terra, Marte, Venere e Mercurio, e sono per lo più composti da gas e ghiaccio.

Giove è il pianeta più grande del sistema solare e ha un'atmosfera densa con bande visibili di nuvole e tempeste, inclusa la famosa Grande Macchia Rossa. Ha anche un forte campo magnetico e molte lune, comprese le quattro più grandi conosciute come le lune galileiane.

Saturno è famoso per i suoi bellissimi anelli, composti da particelle di ghiaccio e polvere. Ha anche un'atmosfera simile a Giove, con bande visibili di nuvole e tempeste, così come molte lune, tra cui Titano, la seconda luna più grande del sistema solare.

Urano e Nettuno sono spesso indicati come giganti di ghiaccio perché sono composti principalmente da acqua, metano e ghiaccio di ammoniaca. Hanno anche deboli sistemi di anelli e molte lune. Urano è unico in quanto ruota su un fianco, il che provoca variazioni stagionali estreme. Nettuno ha i venti più forti del sistema solare, raggiungendo velocità fino a 1.200 miglia all'ora.

In generale, i pianeti esterni sono molto diversi tra loro, ma sono tutti affascinanti e belli a modo loro. La nostra comprensione di questi pianeti continua ad evolversi man mano che inviamo più veicoli spaziali per studiarli.

Quali altre entità ci sono nel nostro sistema solare?

Oltre al Sole e alla Terra, il nostro sistema solare ha una varietà di altre entità, tra cui:

1. Pianeti: ci sono otto pianeti nel nostro sistema solare, elencati in ordine dal sole: Mercurio, Venere, Terra, Marte, Giove, Saturno, Urano e Nettuno.

2. Pianeti nani: ci sono cinque pianeti nani ufficialmente riconosciuti nel nostro sistema solare: Cerere, Plutone, Haumea , Makemake ed Eris.

3. Lune: ci sono oltre 200 lune conosciute nel nostro sistema solare, la maggior parte delle quali orbitano attorno ai giganti gassosi. La luna più grande del nostro sistema solare è Ganimede, che orbita attorno a Giove.

4. Asteroidi: gli asteroidi sono oggetti rocciosi che orbitano attorno al sole, la maggior parte dei quali si trova nella fascia degli asteroidi tra Marte e Giove. Alcuni asteroidi sono abbastanza grandi da essere considerati pianeti nani.

5. Comete: le comete sono oggetti ghiacciati che provengono dal sistema solare esterno e occasionalmente entrano nel sistema solare interno. Quando si avvicinano al sole, sviluppano una coda di gas e polvere.

6. Oggetti della fascia di Kuiper: la fascia di Kuiper è una regione del sistema solare oltre l'orbita di Nettuno che ospita molti oggetti ghiacciati, inclusi pianeti nani e comete.

7. Oort Oggetti nuvola : la nuvola di Oort è un'ipotetica regione del sistema solare ben oltre la fascia di Kuiper che si ritiene contenga trilioni di oggetti ghiacciati. Si ritiene che alcune comete provengano dall'Oort Nuvola .

Capitolo 2: All'interno della Terra

L'interno della Terra può essere suddiviso in diversi strati in base alla loro composizione e proprietà fisiche. Gli strati sono:

Crosta : lo strato più esterno della Terra è chiamato crosta. È un sottile strato di roccia solida che copre l'intera superficie della Terra. La crosta è composta da due tipi di rocce: continentali e oceaniche.

Mantello : Il mantello è lo strato sotto la crosta ed è il più grande strato della Terra. È costituito da roccia calda, densa e per lo più solida che scorre lentamente nel corso di milioni di anni. Il mantello è diviso in due parti: il mantello superiore e il mantello inferiore.

Nucleo esterno : il nucleo esterno è uno strato di ferro liquido e nichel che circonda il nucleo interno. È responsabile della generazione del campo magnetico terrestre.

Nucleo interno: il nucleo interno è lo strato più interno della Terra e si ritiene che sia una solida sfera di ferro e nichel con un raggio di circa 1.220 km. È sotto un'immensa pressione e temperatura, stimata intorno ai 5.500°C (9.932°F), che la rende la parte più calda della Terra.

Gli scienziati hanno imparato a conoscere l'interno della Terra studiando le onde sismiche generate dai terremoti. Queste onde possono viaggiare attraverso gli strati della Terra e fornire informazioni sulla loro composizione e struttura.

Che impatto ha la struttura interna della Terra sulla sua temperatura?

La struttura interna della Terra ha un impatto significativo sulla sua temperatura. L'interno della Terra è diviso in diversi strati, tra cui il nucleo interno, il nucleo esterno, il mantello e la crosta. La temperatura di ciascuno di questi strati varia in base a una varietà di fattori, tra cui la formazione della Terra , il decadimento radioattivo e le correnti di convezione.

Il nucleo interno della Terra è lo strato più caldo, con temperature che raggiungono i 5.500 gradi Celsius (9.932 gradi Fahrenheit). Il calore nel nucleo interno è generato dal decadimento degli isotopi radioattivi, che produce un'enorme quantità di energia. Anche il nucleo esterno è molto caldo, con temperature che raggiungono i 4.000 gradi Celsius (7.232 gradi Fahrenheit), ed è responsabile della generazione del campo magnetico terrestre.

Anche il mantello, che si trova tra il nucleo esterno e la crosta, è caldo, con temperature che vanno dai 1.000 ai 3.700 gradi Celsius (da 1.832 a 6.692 gradi Fahrenheit). Questo calore è generato dal trasferimento di calore dal nucleo al mantello attraverso correnti di convezione.

La crosta terrestre, che è lo strato più esterno della Terra, ha la temperatura più bassa di tutti gli strati, con temperature che vanno da -25 a 70 gradi Celsius (da -13 a 158 gradi Fahrenheit). La temperatura della crosta varia a seconda della località e dell'ora del giorno.

Nel complesso, la struttura interna della Terra gioca un ruolo cruciale nel determinare la temperatura del pianeta e il trasferimento di calore dal nucleo alla superficie aiuta a regolare il clima terrestre e la distribuzione dell'energia in tutto il pianeta.

Cosa scatena vulcani e terremoti?

Vulcani e terremoti sono innescati da processi diversi.

I vulcani sono tipicamente innescati dal movimento delle placche tettoniche. Quando due placche si scontrano, una può essere spinta verso il basso sotto l'altra in un processo chiamato subduzione. Quando la placca discendente raggiunge una certa profondità, inizia a sciogliersi a causa delle alte temperature e pressioni all'interno della Terra. Questa roccia fusa, o magma, sale in superficie e può eruttare come un vulcano.

I terremoti sono spesso causati anche dal movimento delle placche tettoniche. Quando due piastre si sfregano l'una contro l'altra, possono rimanere bloccate e accumulare tensione. Alla fine, questa tensione viene rilasciata sotto forma di un terremoto. I terremoti possono anche essere causati da altri fattori come il movimento del magma sotto un vulcano o il crollo di grotte sotterranee.

È importante notare che mentre alcuni trigger possono aumentare la probabilità di eruzioni vulcaniche e terremoti, sono fenomeni naturali che possono verificarsi senza preavviso. Gli scienziati continuano a studiare questi processi per comprenderli e prevederli meglio, ma c'è ancora molto da imparare.

Quale scoperta della seconda guerra mondiale ha portato alla rinascita della teoria della deriva dei continenti?

La scoperta della seconda guerra mondiale che ha portato alla rinascita della teoria della deriva dei continenti è stata la mappatura del fondo oceanico mediante sonar durante la guerra. Prima della guerra, l'opinione prevalente tra i geologi era che il fondo oceanico fosse relativamente privo di caratteristiche, costituito da pianure piatte e prive di caratteristiche. Tuttavia, durante la guerra, le navi militari usarono il sonar per rilevare i sottomarini e, nel processo, scoprirono che il fondo oceanico era in realtà molto complesso e aveva molte montagne, valli e creste.

Negli anni successivi alla guerra, gli scienziati hanno utilizzato queste nuove informazioni per sviluppare una migliore comprensione della tettonica a placche, che alla fine ha portato alla rinascita della teoria della deriva dei continenti. Nello specifico, hanno scoperto che il fondo oceanico si stava allargando lungo le dorsali oceaniche e che questo movimento era responsabile del movimento dei continenti nel tempo. Questa nuova comprensione della tettonica a placche è stata supportata da un'ampia gamma di prove geologiche, tra cui la distribuzione di terremoti e vulcani, le proprietà magnetiche delle rocce e le forme dei continenti stessi

Tutte le creature viventi subiscono gli effetti della tettonica a placche ?

Tutte le creature viventi sono influenzate indirettamente dalla tettonica a placche, ma non tutte ne subiscono direttamente gli effetti. La tettonica a placche è la teoria scientifica che descrive il movimento di ampie sezioni dello strato più esterno della Terra, noto come placche. Queste placche si muovono lentamente nel tempo, scontrandosi, scivolando l'una sull'altra o allargandosi ai confini tra di loro.

I movimenti di queste placche possono avere un impatto significativo sull'ambiente e sugli organismi viventi che lo abitano. Ad esempio, la collisione di due placche tettoniche può causare la formazione di montagne, mentre il movimento delle placche può anche creare fosse oceaniche, eruzioni vulcaniche, terremoti e tsunami.

Gli effetti diretti della tettonica a placche possono essere osservati negli organismi che vivono in regioni ad alta attività geologica, come vicino a vulcani attivi, zone sismiche e altre aree in cui i confini delle placche sono chiaramente definiti. Alcuni organismi potrebbero essersi adattati per sopravvivere in tali ambienti, mentre altri potrebbero non essere in grado di sopravvivere in condizioni così estreme.

Indirettamente, tuttavia, tutte le creature viventi sono influenzate dalla tettonica a placche. Ad esempio, la tettonica a placche può influenzare i modelli climatici, il livello del mare e la distribuzione delle masse continentali. I cambiamenti in questi fattori possono, a loro volta, influenzare gli habitat e le risorse disponibili per gli organismi viventi.

In conclusione, mentre non tutte le creature viventi sperimentano gli effetti diretti della tettonica a placche, sono tutte indirettamente influenzate dal movimento delle placche tettoniche della Terra.

Capitolo 3: Atmosfera

L'atmosfera è lo strato di gas che circonda la Terra ed è tenuto in posizione dalla gravità. È composto da azoto (circa il 78%), ossigeno (circa il 21%) e tracce di altri gas come argon, anidride carbonica e neon.

L'atmosfera è suddivisa in diversi strati, ciascuno con le proprie caratteristiche. Lo strato più basso è la troposfera, dove si verifica la maggior parte del tempo e dove viviamo e respiriamo. La stratosfera è lo strato successivo, dove si trova lo strato di ozono, che aiuta a proteggere la vita sulla Terra dalle dannose radiazioni ultraviolette. Sopra la stratosfera si trovano la mesosfera e la termosfera.

L'atmosfera svolge diversi ruoli importanti nel sostenere la vita sulla Terra. Aiuta a regolare la temperatura della Terra intrappolando il calore e riflettendone una parte nello spazio. Aiuta anche a distribuire il calore e l'umidità in tutto il pianeta, che è essenziale per la crescita delle piante e la sopravvivenza degli animali. L'atmosfera fornisce anche uno scudo protettivo contro le radiazioni dannose del sole e i detriti spaziali, che potrebbero altrimenti danneggiare o distruggere la vita sulla Terra.

L'effetto serra è benefico o dannoso?

Lo stesso effetto serra è un processo naturale e necessario che mantiene la superficie terrestre abbastanza calda da sostenere la vita. Senza di esso, il pianeta sarebbe troppo freddo perché la maggior parte degli organismi viventi possa sopravvivere. Tuttavia, le attività umane hanno aumentato la concentrazione di gas serra nell'atmosfera, facendo sì che l'effetto serra diventi più forte e intenso. Questo aumento dell'effetto serra sta causando il cambiamento climatico, che è dannoso per il pianeta e per i suoi abitanti in molti modi.

I principali gas serra responsabili del cambiamento climatico sono l'anidride carbonica, il metano e il protossido di azoto, che vengono rilasciati nell'atmosfera dalla combustione di combustibili fossili, dalla deforestazione e dalle pratiche agricole, tra le altre fonti. L'aumento della concentrazione di questi gas intrappola più calore nell'atmosfera, portando all'aumento delle temperature globali, allo scioglimento dei ghiacciai e delle calotte polari, a eventi meteorologici più frequenti e gravi e all'acidificazione degli oceani, tra gli altri impatti.

Nel complesso, mentre l'effetto serra naturale è necessario per la vita sulla Terra, l'aumento dell'effetto serra causato dalle attività umane è dannoso e rappresenta una minaccia significativa per il pianeta e i suoi abitanti. È essenziale agire per ridurre le emissioni di gas a effetto serra e mitigare gli impatti dei cambiamenti climatici.

In che modo il caldo sulla Terra è come un budget familiare?

Il caldo sulla Terra può essere considerato come un bilancio familiare in diversi modi. Ecco alcune possibili analogie:

Equilibrio: proprio come una famiglia ha bisogno di bilanciare entrate e spese per evitare di indebitarsi, la Terra ha bisogno di bilanciare la quantità di energia che riceve dal sole con la quantità di energia che irradia nello spazio. Quando la Terra assorbe più energia di quanta ne irradia, sperimenta un guadagno netto di calore, che porta al riscaldamento globale. D'altra parte, se la Terra irradia più energia di quanta ne assorba, subisce una netta perdita di calore, che porta al raffreddamento.

Conservazione: allo stesso modo, proprio come una famiglia potrebbe cercare di conservare le proprie risorse per sbarcare il lunario, la Terra ha processi naturali che la aiutano a conservare il calore. Ad esempio, l'atmosfera agisce come una coperta, intrappolando parte del calore che altrimenti si irradierebbe nello spazio. Questo è chiamato effetto serra. Tuttavia, proprio come una famiglia potrebbe trovarsi nei guai se riduce troppo gli elementi essenziali come il cibo o l'assistenza sanitaria, la Terra può subire conseguenze negative se l'effetto serra diventa troppo forte.

Cicli di feedback: sia nel bilancio familiare che nel bilancio termico della Terra, piccoli cambiamenti possono avere grandi effetti nel tempo. Ad esempio, se una famiglia inizia a spendere un po' più di quanto guadagna, potrebbe dover indebitarsi per compensare la differenza. Nel tempo, questo debito può accumularsi e diventare più difficile da gestire. Allo stesso modo, se la Terra assorbe un po' più di calore di quello che irradia, potrebbe causare lo scioglimento del ghiaccio, che riduce la riflettività della Terra (albedo). Questo, a sua volta, può far sì che la Terra assorba ancora più calore, portando a un ciclo di feedback positivo che accelera il riscaldamento.

Nel complesso, mentre le specifiche di un bilancio familiare e il bilancio termico della Terra sono ovviamente piuttosto diverse, ci sono alcune utili somiglianze che possono aiutarci a comprendere le sfide coinvolte nella gestione di entrambi.

Mentre è estate nell'emisfero settentrionale, perché lì è inverno?

Il motivo per cui è estate nell'emisfero settentrionale mentre è inverno nell'emisfero meridionale è a causa dell'inclinazione assiale della Terra e della sua orbita attorno al Sole.

L'asse terrestre è inclinato di un angolo di circa 23,5 gradi rispetto alla sua orbita attorno al Sole. Ciò significa che mentre la Terra si muove intorno al Sole, diverse parti del pianeta ricevono quantità diverse di luce solare in diversi periodi dell'anno.

Durante i mesi estivi nell'emisfero settentrionale, il Polo Nord è inclinato verso il Sole, il che significa che i raggi del Sole sono più diretti e più concentrati nell'emisfero settentrionale. Ciò si traduce in temperature più calde e giornate più lunghe nell'emisfero settentrionale, motivo per cui lì è estate.

Allo stesso tempo, il Polo Sud è inclinato rispetto al Sole, il che significa che i raggi del Sole sono più indiretti e meno concentrati nell'emisfero australe. Ciò si traduce in temperature più fresche e giornate più brevi nell'emisfero australe, motivo per cui lì è inverno.

Allo stesso modo, durante i mesi invernali nell'emisfero settentrionale, la situazione è invertita e il Polo Sud è inclinato verso il Sole, mentre il Polo Nord è inclinato lontano dal Sole. Ciò si traduce in temperature più calde e giornate più lunghe nell'emisfero australe, mentre nell'emisfero settentrionale le temperature sono più fresche e le giornate più corte, motivo per cui lì è inverno.

quale emisfero è il nord?

L'emisfero settentrionale si trova a nord dell'equatore, mentre l'emisfero australe si trova a sud dell'equatore. Pertanto, l'emisfero che è a nord è l'emisfero settentrionale.

Come inizia il vento?

Il vento è causato da differenze di pressione atmosferica, che a loro volta sono create da differenze di temperatura e umidità. Quando l'aria viene riscaldata, diventa meno densa e sale, creando un'area di bassa pressione. Mentre l'aria calda sale, l'aria più fresca si precipita dentro per riempire il vuoto, creando un'area di alta pressione. Questo movimento dell'aria dall'alta pressione alla bassa pressione è ciò che sentiamo come vento.

Oltre alle differenze di temperatura e umidità, il vento può essere influenzato anche dalla rotazione della Terra, dalla topografia del terreno e dalla presenza di grandi masse d'acqua. Questi fattori possono far muovere l'aria secondo modelli specifici, come i venti prevalenti che soffiano in determinate direzioni in diverse parti del mondo.

Nel complesso, il movimento del vento è un processo complesso e dinamico influenzato da molti fattori diversi.

Perché i primi esploratori apprezzavano così tanto i venti?

I primi esploratori, specialmente quelli che facevano affidamento sui velieri, apprezzavano molto i venti perché erano essenziali per i loro viaggi. Questi venti permettevano ai marinai di muovere le loro navi attraverso gli oceani e, senza di loro, i loro viaggi sarebbero stati lenti e difficili.

Prima dell'avvento dei motori e delle navi motorizzate, i marinai facevano completamente affidamento sulla forza del vento per muovere le loro navi. Hanno imparato a navigare negli oceani del mondo studiando i modelli del vento, le correnti e i sistemi meteorologici. Sapevano quali venti usare per viaggiare in certe direzioni, e sapevano anche quando evitare certi venti che potevano essere pericolosi.

I modelli del vento erano particolarmente importanti per i marinai che facevano lunghi viaggi, come i famosi esploratori che viaggiarono per il mondo durante l'Età dell'Esplorazione. Questi marinai dovevano sapere come navigare attraverso vasti oceani e i modelli del vento erano cruciali per il loro successo. Spesso aspettavano che determinati venti soffiassero in una particolare direzione prima di salpare e regolavano le vele per catturare il vento e far avanzare le loro navi.

In sintesi, i venti erano molto apprezzati dai primi esploratori perché erano essenziali per i loro viaggi e, senza di essi, le loro spedizioni sarebbero state lente e difficili. La loro conoscenza dei modelli del vento ha permesso loro di navigare negli oceani del mondo e fare importanti scoperte che avrebbero modellato il corso della storia umana.

Che cos'è l'ozono e perché dovremmo preoccuparci di un buco in esso?

L'ozono (O3) è una molecola costituita da tre atomi di ossigeno. È presente nell'atmosfera terrestre e svolge un ruolo fondamentale nella protezione del pianeta dalle dannose radiazioni ultraviolette (UV) del sole. L'ozono è concentrato in uno strato dell'atmosfera chiamato strato di ozono, che si trova tra circa 10 e 50 chilometri (da 6 a 30 miglia) sopra la superficie terrestre.

Lo strato di ozono assorbe la maggior parte della radiazione UV, impedendole di raggiungere la superficie terrestre, dove può causare cancro della pelle, cataratta e altri problemi di salute. Le radiazioni UV possono anche danneggiare la vita vegetale e animale, oltre a influenzare il clima terrestre.

Negli anni '80, gli scienziati hanno scoperto un assottigliamento dello strato di ozono sopra l'Antartide, che divenne noto come il buco dell'ozono. Il buco dell'ozono è causato dal rilascio nell'atmosfera di sostanze chimiche artificiali chiamate clorofluorocarburi (CFC). I CFC erano ampiamente utilizzati nei refrigeranti, nei condizionatori d'aria e negli spray aerosol.

Una volta rilasciati nell'atmosfera, i CFC si spostano verso l'alto e alla fine raggiungono lo strato di ozono, dove reagiscono con la radiazione UV e scompongono le molecole di ozono. Questo processo provoca l'assottigliamento dello strato di ozono, che porta alla formazione del buco dell'ozono.

L'assottigliamento dello strato di ozono è una preoccupazione significativa perché aumenta la quantità di radiazione UV che raggiunge la superficie terrestre, che può avere effetti dannosi sulla salute umana, sugli ecosistemi e sull'agricoltura. Per affrontare il problema, i paesi di tutto il mondo hanno concordato il Protocollo di Montreal nel 1987, che ha gradualmente eliminato la produzione e l'uso di CFC e altre sostanze che riducono lo strato di ozono. Grazie a questo accordo globale, lo strato di ozono ha iniziato a riprendersi, ma è ancora fragile e sono necessari sforzi continui per proteggerlo.

Cosa causa il cambiamento del tempo?

Ci sono una varietà di fattori che possono causare cambiamenti nel tempo, tra cui:

1. Variazioni della pressione atmosferica: le differenze di pressione atmosferica possono causare venti che soffiano, con conseguenti variazioni di temperatura e precipitazioni.

2. Correnti oceaniche: il movimento delle correnti oceaniche può influenzare la temperatura e il contenuto di umidità dell'aria, che possono quindi influire sui modelli meteorologici.

3. Latitudine e altitudine: quando ci si sposta a nord oa sud dell'equatore, o quando ci si sposta verso altitudini più elevate, la quantità di luce solare e la temperatura possono cambiare, influenzando il tempo.

4. Formazioni del terreno: le montagne e altre forme del terreno possono

bloccare o reindirizzare il vento e influenzare i modelli di precipitazione.

5. Fronti: quando due masse d'aria con temperature e livelli di umidità diversi si scontrano, possono creare fronti, che possono causare tempeste e altri modelli meteorologici.

6. Attività umana: le attività umane come la deforestazione, l'urbanizzazione e le emissioni di gas serra possono influenzare i modelli meteorologici alterando la composizione dell'atmosfera e cambiando il clima terrestre.

Nel complesso, il tempo è un sistema complesso e dinamico e i cambiamenti possono derivare da una combinazione di questi e altri fattori

Come vengono fatte le previsioni del tempo?

Le previsioni meteorologiche vengono effettuate utilizzando una combinazione di osservazioni delle condizioni meteorologiche attuali e modelli computerizzati che simulano l'evoluzione futura dell'atmosfera. Ecco una panoramica generale del processo:

1. Raccolta dati: le osservazioni delle condizioni meteorologiche attuali vengono raccolte da varie fonti come stazioni meteorologiche, satelliti, radar e palloni meteorologici.

2. Analisi dei dati: i meteorologi utilizzano modelli computerizzati per analizzare i dati e creare un'immagine dello stato attuale dell'atmosfera. Cercano modelli e tendenze nei dati per identificare i sistemi meteorologici e fare previsioni.

3. Modellazione: i modelli meteorologici utilizzano complesse equazioni matematiche per simulare il comportamento dell'atmosfera nel tempo. Questi modelli tengono conto di variabili quali temperatura, pressione, umidità, velocità e direzione del vento.

4. Previsioni: i meteorologi utilizzano l'output dei modelli, insieme alla propria esperienza, per fare previsioni sulle condizioni meteorologiche future.

Creano previsioni per diverse regioni e periodi di tempo, che vanno da ore a giorni o addirittura settimane prima.

5. Verifica: una volta effettuata la previsione, i meteorologi continuano a monitorare le condizioni meteorologiche per vedere quanto le loro previsioni corrispondano alla realtà. Ciò consente loro di perfezionare i loro modelli e migliorare l'accuratezza delle previsioni future.

Nel complesso, le previsioni meteorologiche sono un processo complesso e continuo che combina raccolta di dati, analisi, modellazione e previsione. Affinando costantemente i loro metodi e migliorando la loro comprensione dell'atmosfera, i meteorologi sono in grado di fornire previsioni meteorologiche sempre più accurate

Cosa porta il tempo pericoloso?

Il tempo pericoloso può essere causato da una varietà di fattori, inclusi modelli climatici naturali, cambiamenti climatici indotti dall'uomo e condizioni ambientali locali. Alcuni dei fattori più comuni che contribuiscono a condizioni meteorologiche pericolose includono:

1. Instabilità atmosferica: quando c'è una differenza significativa di temperatura e umidità tra i diversi strati dell'atmosfera, può creare instabilità che porta alla formazione di temporali, tornado e altri fenomeni meteorologici gravi.

2. Umidità atmosferica: la quantità di umidità nell'atmosfera può anche svolgere un ruolo nello sviluppo di condizioni meteorologiche pericolose, come uragani, tempeste tropicali e inondazioni.

3. Forti venti: i forti venti possono causare danni e distruzione da soli, ma possono anche intensificare gli effetti di altri tipi di eventi meteorologici, come uragani e incendi.

4. Topografia: le caratteristiche locali del terreno, come montagne e valli, possono causare l'intrappolamento e l'intensificazione dei modelli meteorologici, portando alla formazione di eventi meteorologici pericolosi.

5. Cambiamento climatico: il cambiamento climatico indotto dall'uomo sta contribuendo a eventi meteorologici più frequenti e gravi, come ondate di caldo , siccità e tempeste intense.

6. Modelli climatici naturali: anche i modelli climatici naturali, come El Niño e La Niña, possono influenzare le condizioni meteorologiche e portare a eventi meteorologici pericolosi.

Cosa sono esattamente i cambiamenti climatici temporanei?

I cambiamenti climatici temporanei si riferiscono a fluttuazioni a breve termine nei modelli climatici che si verificano in un periodo di anni o decenni. Queste fluttuazioni possono essere causate da vari fattori, come cambiamenti nelle correnti oceaniche, eruzioni vulcaniche o variazioni nell'emissione del sole.

Un esempio di cambiamento climatico temporaneo è El Niño e La Niña, che sono modelli climatici naturali che si verificano nell'Oceano Pacifico. Durante un evento El Niño, le acque superficiali dell'Oceano Pacifico orientale diventano più calde del solito, il che può causare siccità in alcune regioni e inondazioni in altre. Al contrario, durante un evento La Niña, le acque superficiali dell'Oceano Pacifico orientale diventano più fredde del solito, il che può portare a un aumento delle precipitazioni in alcune aree e alla siccità in altre.

Altri esempi di cambiamenti climatici temporanei includono gli effetti delle eruzioni vulcaniche, che possono rilasciare grandi quantità di anidride solforosa e altri gas nell'atmosfera, causando un raffreddamento a breve termine del pianeta. Allo stesso modo, le variazioni della produzione solare possono causare fluttuazioni temporanee delle temperature globali.

Sebbene i cambiamenti climatici temporanei possano avere un impatto significativo sui modelli meteorologici e sugli ecosistemi, sono distinti dai cambiamenti climatici a lungo termine, che si riferiscono al graduale riscaldamento del pianeta dovuto ad attività umane come la combustione di combustibili fossili e la deforestazione

Come è cambiato il clima sulla Terra?

Il clima della Terra è cambiato in modo significativo nel tempo, con fluttuazioni che si verificano su scale temporali sia lunghe che brevi. Ecco alcuni dei cambiamenti più significativi nel clima terrestre che si sono verificati nel tempo:

1. Ere glaciali: la Terra ha vissuto diverse ere glaciali in passato, durante le quali gran parte del pianeta era ricoperta di ghiaccio. L'ultima era glaciale si è verificata tra 110.000 e 12.000 anni fa e durante questo periodo i ghiacciai coprivano gran parte del Nord America, dell'Europa e dell'Asia.

2. Effetto serra: il clima della Terra è stato influenzato dall'effetto serra, che è causato dall'accumulo di gas serra nell'atmosfera. Ciò ha portato ad un aumento delle temperature globali, noto come riscaldamento globale. Il gas serra più significativo è l'anidride carbonica, che viene rilasciata nell'atmosfera bruciando combustibili fossili.

3. Innalzamento del livello del mare: con l'aumento delle temperature globali, le calotte polari hanno iniziato a sciogliersi, provocando l'innalzamento del livello del mare. Ciò ha portato a inondazioni nelle zone basse e rappresenta una minaccia significativa per le città e le comunità costiere.

4. Condizioni meteorologiche estreme: il clima della Terra è diventato più imprevedibile, con eventi meteorologici più frequenti e gravi come uragani, siccità, inondazioni e incendi. Questi eventi possono causare danni significativi a proprietà, infrastrutture e vite umane.

5. Acidificazione degli oceani: con l'aumentare della concentrazione di anidride carbonica nell'atmosfera, gli oceani diventano più acidi. Ciò ha un effetto dannoso sulla vita marina, in particolare su quelli con conchiglie o scheletri fatti di carbonato di calcio.

Nel complesso, il clima della Terra è in continua evoluzione e questi cambiamenti sono influenzati da una serie di fattori, tra cui l'attività umana, i processi naturali e forze esterne come la radiazione solare. È essenziale comprendere questi cambiamenti e adottare misure per mitigare il loro impatto sul pianeta e sui suoi abitanti.

Cosa scatena il riscaldamento globale?

Il riscaldamento globale è principalmente innescato da un aumento della concentrazione di gas serra (GHG) nell'atmosfera. Questi gas, tra cui anidride carbonica, metano e vapore acqueo, intrappolano il calore nell'atmosfera e ne impediscono la fuoriuscita nello spazio, provocando un riscaldamento della superficie terrestre.

Il motore principale dell'aumento dei gas a effetto serra sono le attività umane, come la combustione di combustibili fossili come carbone, petrolio e gas, nonché la deforestazione, l'agricoltura e altri cambiamenti nell'uso del suolo. Queste attività rilasciano grandi quantità di anidride carbonica e altri gas serra nell'atmosfera, portando ad un aumento delle loro concentrazioni.

Altri fattori che possono contribuire al riscaldamento globale includono fattori naturali come eruzioni vulcaniche, cambiamenti nella radiazione solare e variazioni nell'orbita terrestre, ma questi sono considerati meno significativi delle attività umane nel guidare la tendenza recente e in corso del riscaldamento globale.

Capitolo 4: Idrosfera

L'idrosfera si riferisce a tutta l'acqua sulla Terra, inclusi oceani, laghi, fiumi, acque sotterranee e vapore acqueo atmosferico. È una delle quattro parti interconnesse del sistema terrestre, insieme all'atmosfera, alla biosfera e alla geosfera.

L'idrosfera svolge un ruolo cruciale nella regolazione del clima terrestre e nel sostenere la vita sul nostro pianeta. L'acqua negli oceani e nell'atmosfera aiuta ad assorbire e distribuire la radiazione solare, e il vapore acqueo nell'atmosfera contribuisce all'effetto serra che mantiene la Terra abbastanza calda da sostenere la vita.

L'idrosfera svolge anche un ruolo vitale nel ciclo dell'acqua, che coinvolge il movimento dell'acqua tra gli oceani, l'atmosfera e la terraferma. Questo ciclo aiuta a distribuire l'acqua in tutto il pianeta e sostenere gli ecosistemi, oltre a fornire acqua dolce per uso umano.

Le attività umane come l'inquinamento, l'uso eccessivo e il cambiamento climatico stanno influenzando l'idrosfera, con conseguenze potenzialmente significative per il pianeta ei suoi abitanti. Pertanto, è essenziale gestire l'idrosfera in modo sostenibile per garantirne la salute e il funzionamento continui.

Perché la maggior parte dell'acqua sulla Terra non è potabile?

La maggior parte dell'acqua sulla Terra non è potabile perché è salata o contaminata da sostanze inquinanti, il che la rende pericolosa per il consumo umano. Circa il 97% dell'acqua della Terra si trova negli oceani ed è troppo salata per essere bevuta dagli esseri umani senza prima dissalarla. Il restante 3% dell'acqua è acqua dolce, ma due terzi di essa è congelata nei ghiacciai e nelle calotte polari, lasciando solo una piccola frazione disponibile per l'uso umano.

Inoltre, anche l'acqua dolce disponibile è spesso inquinata da vari contaminanti, tra cui sostanze chimiche, microrganismi e prodotti di scarto, che la rendono pericolosa da bere senza trattamento. Questa contaminazione può provenire da fonti naturali o attività umane come pratiche industriali e agricole, smaltimento dei rifiuti e deflusso urbano.

Pertanto, l'accesso all'acqua potabile sicura è un problema importante in molte parti del mondo e si stanno compiendo sforzi per migliorare il trattamento dell'acqua e le pratiche di conservazione per garantire che le persone abbiano accesso ad acqua pulita e sicura.

Come viene utilizzata l'acqua?

L'acqua viene utilizzata in vari modi, sia a livello domestico che industriale. Ecco alcuni degli usi più comuni dell'acqua:

1. Bere e cucinare: l'acqua è una risorsa essenziale per la sopravvivenza umana e viene utilizzata per bere e cucinare.

2. Pulizia: l'acqua viene utilizzata per pulire varie superfici come stoviglie, pavimenti e vestiti.

3. Bagno e igiene personale: l'acqua viene utilizzata per il bagno, la doccia e altre attività di igiene personale come lavarsi le mani e lavarsi i denti.

4. Irrigazione: l'acqua viene utilizzata per annaffiare piante e colture, soprattutto in agricoltura.

5. Processi industriali: l'acqua viene utilizzata in un'ampia gamma di processi industriali, tra cui la produzione, il raffreddamento dei macchinari e la generazione di elettricità.

6. Ricreazione: l'acqua viene utilizzata per attività ricreative come il nuoto, la nautica e la pesca.

7. Trasporti: l'acqua è utilizzata come mezzo di trasporto, comprese le spedizioni e i traghetti.

8. Antincendio: l'acqua viene utilizzata dai vigili del fuoco per spegnere gli incendi.

Nel complesso, l'acqua è una risorsa incredibilmente importante, essenziale per la nostra vita quotidiana e per molti processi industriali. È importante utilizzare l'acqua in modo responsabile e conservarla quando possibile.

In che modo gli animali e le persone inquinano l'acqua?

Sia gli animali che le persone possono contribuire all'inquinamento idrico in vari modi:

1. Rifiuti animali: il bestiame e la fauna selvatica possono produrre grandi quantità di rifiuti che possono essere lavati nei corpi idrici dalla pioggia o da altre forme di precipitazione.

2. Deflusso agricolo: fertilizzanti e pesticidi utilizzati in agricoltura possono filtrare nei corpi idrici vicini e causare inquinamento.

3. Rifiuti industriali: i processi industriali possono generare prodotti di scarto che vengono scaricati nei corpi idrici.

4. Acque reflue: le acque reflue umane possono contenere batteri nocivi, virus e altri inquinanti che possono contaminare l'acqua.

5. Fuoriuscite di petrolio: fuoriuscite accidentali di petrolio o altri prodotti

petroliferi possono contaminare i corpi idrici e danneggiare la vita acquatica.

6. Rifiuti: rifiuti e rifiuti che non vengono smaltiti correttamente possono finire nei corpi idrici e danneggiare la vita acquatica.

7. Prodotti chimici domestici: prodotti chimici domestici come prodotti per la pulizia, vernici e solventi possono essere smaltiti in modo improprio e finire nei corpi idrici.

Tutte queste fonti di inquinamento possono danneggiare la vita acquatica, influire sulla qualità dell'acqua e creare rischi per la salute delle persone che usano l'acqua per bere, divertirsi o per altri scopi.

Cosa distingue H2O?

H2O è una piattaforma distribuita, in memoria e open source per l'apprendimento automatico e l' analisi predittiva. Ecco alcune cose che distinguono H2O:

1. Velocità: H2O è progettato per essere molto veloce ed efficiente, con la

capacità di elaborare grandi set di dati in memoria e parallelizzare il calcolo su più core.

2. Scalabilità: H2O è progettato per essere scalabile e può essere eseguito su cluster di computer, consentendogli di elaborare facilmente set di dati di grandi dimensioni.

3. Flessibilità: H2O supporta un'ampia varietà di algoritmi di machine learning, tra cui deep learning, gradient boosting e modelli lineari generalizzati. Supporta anche una varietà di origini dati, inclusi database HDFS, S3 e SQL.

4. Facilità d'uso: H2O è progettato per essere intuitivo, con un'interfaccia Web e API di facile utilizzo per diversi linguaggi di programmazione, tra cui R, Python e Java.

5. Open-source: H2O è un software open-source, il che significa che chiunque può utilizzarlo e contribuire al suo sviluppo.

Nel complesso, H2O è una piattaforma potente e flessibile per l'apprendimento automatico e l'analisi predittiva che offre alta velocità, scalabilità e facilità d'uso.

Un ecosistema d'acqua dolce: che cos'è?

Un ecosistema di acqua dolce è un tipo di ecosistema che include tutti i componenti viventi e non viventi di un corpo idrico che contiene acqua dolce, come un lago, uno stagno, un fiume, un ruscello o una zona umida. Questi ecosistemi sono caratterizzati dal loro contenuto di sale relativamente basso e ospitano una vasta gamma di organismi che si sono adattati a vivere in habitat di acqua dolce.

Gli ecosistemi di acqua dolce sono essenziali per la sopravvivenza di molte specie di piante e animali, inclusi pesci, anfibi, rettili, uccelli e mammiferi. Questi ecosistemi forniscono anche importanti servizi agli esseri umani, come acqua potabile, irrigazione e opportunità ricreative.

Alcuni dei componenti chiave degli ecosistemi di acqua dolce includono:

- Fattori abiotici: questi includono la temperatura dell'acqua, il pH, i livelli di ossigeno disciolto, la disponibilità di nutrienti e il flusso d'acqua, che hanno tutti un impatto sugli organismi che vivono nell'ecosistema.

- Fattori biotici: includono le piante e gli animali che abitano l'ecosistema, dal plancton microscopico ai pesci e ai mammiferi più grandi.

- Caratteristiche dell'habitat: includono le caratteristiche fisiche del corpo idrico, come la profondità, la struttura del litorale e la composizione del substrato, nonché la presenza di vegetazione e altre caratteristiche naturali.

Nel complesso, gli ecosistemi di acqua dolce sono sistemi complessi e dinamici che svolgono un ruolo fondamentale nel mantenimento della salute degli ecosistemi del nostro pianeta e nel sostenere la diversità della vita sulla Terra.

C'era acqua sulla Terra prima?

Sì, si ritiene che l'acqua sia stata presente sulla Terra fin dall'inizio della sua formazione. La teoria prevalente è che l'acqua sia stata portata sulla Terra da comete e asteroidi durante il periodo di formazione del pianeta, circa 4,6 miliardi di anni fa. Quando il pianeta si è raffreddato e la sua atmosfera si è sviluppata, il vapore acqueo si è condensato e ha formato gli oceani sulla superficie. Nel corso del tempo, questi oceani sono diventati la fonte della vita sulla Terra e il ciclo dell'acqua ha contribuito a modellare la geologia e il clima del pianeta. Oggi la Terra è spesso chiamata il "pianeta blu" a causa dell'abbondanza di acqua sulla sua superficie.

Cosa fa ribollire l'acqua dell'oceano?

L'acqua dell'oceano è agitata e mossa da una varietà di fattori, tra cui:

1. Vento: il fattore più significativo che fa agitare l'acqua dell'oceano è il vento. Quando i forti venti soffiano sulla superficie dell'oceano, creano onde e correnti che possono spostare l'acqua per migliaia di chilometri.

2. Maree: le maree sono un altro fattore importante che fa agitare l'acqua dell'oceano. Le maree sono causate dall'attrazione gravitazionale della luna

e del sole sugli oceani della Terra. Questa forza gravitazionale crea un movimento ritmico dell'acqua, che può causare correnti e onde.

3. Temperatura e salinità: anche la temperatura e la salinità dell'acqua dell'oceano possono farla ribollire. Le differenze di temperatura e salinità possono creare differenze di densità nell'acqua, che possono portare alla formazione di correnti e vortici.

4. Correnti sottomarine: anche le correnti sottomarine, come la Corrente del Golfo, possono far ribollire l'acqua dell'oceano. Queste correnti possono spostare l'acqua in tutto il mondo e avere un impatto significativo sul clima terrestre.

5. Topografia del fondale marino: la forma e i contorni del fondale marino possono anche causare l'agitazione dell'acqua dell'oceano. Queste caratteristiche possono creare aree di upwelling o downwelling , che possono portare alla formazione di correnti e vortici.

Nel complesso, una combinazione di questi fattori e altri lavorano insieme per agitare l'acqua dell'oceano, creando il sistema complesso e dinamico che osserviamo oggi.

Capitolo 5: Persone e Pianeta

"People and Planet" è una frase che evidenzia la relazione interdipendente tra gli esseri umani e il mondo naturale. Sottolinea l'importanza di proteggere l'ambiente e di preservarne le risorse a beneficio delle generazioni presenti e future.

Il concetto di "Persone e pianeta" riconosce che le attività umane hanno un impatto significativo sul mondo naturale e che lo sviluppo sostenibile richiede un equilibrio tra considerazioni economiche, sociali e ambientali. Riconosce inoltre che il degrado ambientale e il cambiamento climatico colpiscono in modo sproporzionato le popolazioni vulnerabili e possono esacerbare le disuguaglianze esistenti.

Gli sforzi per promuovere "Persone e pianeta" includono la conservazione e il ripristino degli ecosistemi, la riduzione delle emissioni di gas serra, la promozione dell'uso sostenibile delle risorse e la gestione dei rifiuti e il sostegno a politiche e pratiche che promuovono l'equità sociale ed economica.

In quali nuovi modi gli sviluppi tecnici promuovono la conoscenza umana?

Esistono diversi modi in cui gli sviluppi tecnici promuovono la conoscenza umana:

1. Accesso alle informazioni: gli sviluppi tecnici come Internet, i motori di ricerca e le piattaforme dei social media hanno reso più facile che mai l'accesso alle informazioni da qualsiasi parte del mondo. Ciò consente alle persone di conoscere culture, idee e prospettive diverse, che possono ampliare la loro conoscenza e comprensione del mondo.

2. Analisi dei dati: con il progresso dell'analisi dei big data, i ricercatori possono ora analizzare grandi quantità di dati per identificare modelli e tendenze che prima erano impossibili da rilevare. Ciò ha portato a nuove intuizioni e scoperte in campi come la medicina, le scienze sociali e le scienze ambientali.

3. Collaborazione: con l'aiuto della tecnologia, persone provenienti da diverse parti del mondo possono collaborare a progetti di ricerca, condividere idee e lavorare insieme per risolvere problemi complessi. Ciò ha portato allo sviluppo di nuove tecnologie, come l'intelligenza artificiale e la blockchain , che possono avere impatti significativi su vari settori.

4. Istruzione: la tecnologia ha rivoluzionato l'istruzione, rendendola più accessibile e personalizzata. Con l'ascesa delle piattaforme di e-learning e delle app educative, le persone possono ora imparare al proprio ritmo e da qualsiasi parte del mondo. Ciò ha democratizzato l'istruzione, consentendo a chiunque di acquisire conoscenze e competenze indipendentemente dalla propria posizione o dallo stato socioeconomico.

5. Comunicazione: i progressi nella tecnologia della comunicazione, come le videoconferenze e le app di messaggistica, hanno reso più facile per le persone comunicare tra loro attraverso lingue e culture diverse. Ciò

ha facilitato la condivisione di idee e conoscenze, che possono portare a nuove scoperte e innovazioni.

Come si confrontano sismologi e medici?

I sismologi e i medici sono due professioni piuttosto diverse per quanto riguarda l'obiettivo e lo scopo del lavoro, ma condividono alcune somiglianze nell'approccio ai rispettivi campi.

I sismologi sono scienziati che studiano i terremoti e le onde sismiche per comprendere meglio la struttura, la composizione e la dinamica della Terra. Usano una gamma di strumenti e tecniche, inclusi sismometri, simulazioni al computer e osservazioni sul campo, per analizzare i dati sismici e sviluppare modelli di attività sismica. I medici, d'altra parte, sono professionisti sanitari che diagnosticano e curano malattie e lesioni nelle persone. Usano una gamma di strumenti e tecniche, tra cui imaging medico, test di laboratorio ed esami fisici, per valutare la salute di un paziente e sviluppare un piano di trattamento.

Nonostante queste differenze, sia i sismologi che i medici si affidano a metodi scientifici per fare osservazioni, raccogliere dati e analizzare informazioni. Entrambe le professioni richiedono anche una forte conoscenza della matematica, della fisica e di altre scienze, nonché la capacità di comunicare idee complesse a una vasta gamma di pubblici.

Un'altra somiglianza tra sismologi e medici è l'importanza della collaborazione e degli approcci interdisciplinari. I sismologi lavorano spesso con altri scienziati, come geofisici, geologi e scienziati dell'atmosfera, per comprendere meglio i sistemi della Terra. Allo stesso modo, i medici spesso lavorano in team con altri operatori sanitari, come infermieri, farmacisti e fisioterapisti, per fornire assistenza completa ai pazienti.

In sintesi, sebbene esistano differenze significative tra sismologi e medici in termini di aree di competenza e lavoro quotidiano, entrambe le professioni condividono l'impegno a utilizzare metodi scientifici per comprendere sistemi complessi e la volontà di collaborare con altri per raggiungere il proprio obiettivo

La prossima battaglia sarà alimentata dall'acqua?

Come modello di linguaggio AI, non ho la capacità di prevedere il futuro con certezza. Tuttavia, è possibile che l'acqua possa svolgere un ruolo nei futuri conflitti, soprattutto perché la scarsità d'acqua diventa un problema più urgente in molte parti del mondo. La concorrenza per l'accesso alle risorse idriche pulite potrebbe potenzialmente portare a conflitti tra paesi o addirittura all'interno dei paesi. È importante che i governi e gli individui lavorino verso pratiche sostenibili di gestione dell'acqua e soluzioni cooperative per prevenire l'insorgere di tali conflitti.

Acqua e suolo sono risorse rinnovabili.

Acqua e suolo sono risorse naturali, ma hanno diversi livelli di rinnovabilità.

L'acqua è una risorsa rinnovabile perché viene continuamente reintegrata attraverso il ciclo dell'acqua, che comporta l'evaporazione dell'acqua dai corpi idrici, la condensazione del vapore acqueo nelle nuvole e la precipitazione dell'acqua sotto forma di pioggia, neve o nevischio. Tuttavia, la disponibilità di acqua dolce è limitata e può essere inquinata o contaminata, rendendola inutilizzabile.

Il suolo, invece, non è interamente rinnovabile. Sebbene la formazione del suolo sia un processo naturale che si verifica nel corso dei secoli, può essere eroso o impoverito molto più velocemente di quanto non venga creato. Le attività umane come la deforestazione, l'agricoltura intensiva e l'urbanizzazione possono contribuire all'erosione, al degrado e alla perdita del suolo, riducendo la quantità di suolo fertile disponibile per l'agricoltura e altri usi. Il ripristino del suolo è possibile, ma può richiedere tempo e fatica.

Pertanto, mentre l'acqua è una risorsa rinnovabile, la sua disponibilità e qualità possono ancora essere influenzate dalle attività umane, mentre il suolo, sebbene rinnovabile, può essere danneggiato o esaurito più rapidamente di quanto non venga reintegrato.

In che modo la rimozione della diga di Elwha influirà sull'ecosistema di acqua dolce a monte?

Si prevede che la rimozione della diga Elwha, completata nel 2014, avrà significativi impatti positivi sull'ecosistema di acqua dolce a monte del fiume Elwha nello stato di Washington , USA.

Prima della rimozione della diga, il fiume Elwha era stato arginato per oltre 100 anni, il che ha avuto un grave impatto sull'ecosistema del fiume. La diga ha bloccato la migrazione dei pesci e ha impedito il trasporto naturale dei sedimenti a valle, alterando l'idrologia del fiume e degradando l'habitat dei pesci e di altre specie acquatiche.

La rimozione della diga ha consentito a specie ittiche come il salmone e lo steelhead di accedere a habitat di riproduzione a monte che prima erano inaccessibili. Ciò ha portato a un aumento delle popolazioni ittiche, che fornisce cibo ai predatori e aiuta a mantenere un ecosistema sano. Inoltre, il trasporto naturale dei sedimenti a valle ha contribuito a ripristinare l'habitat per pesci e altre specie acquatiche, migliorando la qualità dell'acqua e aumentando la disponibilità di cibo e riparo.

Oltre a questi benefici ecologici, la rimozione della diga di Elwha ha avuto anche un significato culturale per la tribù Klallam di Lower Elwha , che ha vissuto lungo il fiume Elwha per migliaia di anni. La rimozione della diga ha permesso alla tribù di bonificare aree del fiume storicamente importanti per pratiche culturali e spirituali.

Nel complesso, la rimozione della diga di Elwha ha avuto significativi impatti positivi sull'ecosistema di acqua dolce a monte, compresi miglioramenti della qualità dell'acqua, aumento delle popolazioni ittiche e ripristino dell'habitat per le specie acquatiche.

Quali prove offre la scienza a sostegno dell'argomento di come vengono utilizzate le risorse della Terra?

La scienza offre una grande quantità di prove a sostegno dell'argomento di come vengono utilizzate le risorse della Terra. Alcune delle prove chiave includono:

1. Impoverimento delle risorse naturali: la scienza ha dimostrato che molte risorse naturali, come petrolio, gas e carbone, sono finite e si stanno esaurendo rapidamente. Ciò è dovuto alla crescente domanda di queste risorse mentre la popolazione mondiale continua a crescere e industrializzarsi.

2. Cambiamento climatico: la scienza ha dimostrato che l'attività umana, come la combustione di combustibili fossili, contribuisce in modo determinante al cambiamento climatico. L'uso di risorse naturali, come il carbone e il petrolio, rilascia nell'atmosfera grandi quantità di gas serra, che intrappolano il calore e contribuiscono al riscaldamento globale.

3. Inquinamento e degrado ambientale: la scienza ha anche dimostrato che il modo in cui utilizziamo le risorse può avere un impatto significativo sull'ambiente, portando all'inquinamento e al degrado degli habitat naturali. Ad esempio, l'uso di pesticidi in agricoltura può portare

alla contaminazione del suolo e dell'acqua, mentre la deforestazione può portare alla perdita di biodiversità e all'erosione del suolo.

4. Gestione sostenibile delle risorse: la scienza ha sviluppato molte tecniche e strategie per la gestione sostenibile delle risorse, come il riciclaggio, l'utilizzo di fonti energetiche rinnovabili e la riduzione dei rifiuti. Questi approcci possono aiutare a ridurre l'impatto negativo dell'uso delle risorse sull'ambiente e garantire che le risorse siano disponibili per le generazioni future.

Nel complesso, la scienza fornisce una ricchezza di prove a sostegno dell'importanza di gestire le risorse della Terra in modo sostenibile e responsabile, sia per la salute del pianeta che per il benessere delle società umane.

Possiamo anticipare i disastri naturali?

Sebbene sia impossibile prevedere i disastri naturali con assoluta precisione, possiamo anticiparli in una certa misura utilizzando una varietà di metodi. Ecco alcuni esempi:

1. Monitoraggio: gli scienziati monitorano i fenomeni naturali, come l'attività sismica, i cambiamenti nella pressione atmosferica e i modelli di temperatura. Questi dati possono essere utilizzati per prevedere disastri naturali come terremoti, tsunami, uragani e tornado.

2. Dati storici: analizzando i dati storici, possiamo identificare modelli e tendenze nei disastri naturali. Ad esempio, sappiamo che gli uragani tendono a verificarsi in determinati periodi dell'anno, quindi possiamo anticiparli e prepararci di conseguenza.

3. Sistemi di allerta precoce: molti paesi hanno implementato sistemi di allerta precoce che utilizzano i dati delle stazioni di monitoraggio per avvisare le persone di un disastro imminente. Ad esempio, un sistema di allarme tsunami può rilevare i terremoti sottomarini e inviare un avviso alle persone che vivono nell'area potenzialmente colpita.

4. Valutazioni del rischio: i governi e le organizzazioni possono condurre valutazioni del rischio per determinare la probabilità che si verifichi un disastro naturale in una determinata area. Queste informazioni possono essere utilizzate per sviluppare piani di emergenza e strategie di evacuazione.

Anche se potremmo non essere in grado di prevenire i disastri naturali, anticiparli può darci il tempo di prepararci e potenzialmente salvare vite umane.

Un'ondata di caldo quali origini ha?

Un'ondata di caldo è un periodo prolungato di clima eccessivamente caldo, che può essere accompagnato da alti livelli di umidità. Le ondate di calore sono tipicamente causate da una combinazione di condizioni atmosferiche, inclusi sistemi ad alta pressione, cieli sereni e basse velocità del vento, che consentono l'accumulo di calore e umidità in una regione.

Le ondate di calore possono anche essere esacerbate dalle attività umane, come l'effetto isola di calore urbano, causato dall'assorbimento di calore da parte degli edifici e delle pavimentazioni nelle città. Si prevede inoltre che il cambiamento climatico contribuirà a ondate di calore più frequenti e intense in molte parti del mondo, poiché l'aumento delle temperature globali crea condizioni più favorevoli per il verificarsi di ondate di calore.

Descrivi uno tsunami.

Uno tsunami è una serie di onde oceaniche causate da disturbi su larga scala dell'oceano, come terremoti, eruzioni vulcaniche, frane o impatti di meteoriti. Queste onde possono viaggiare a velocità estremamente elevate attraverso vaste distanze dell'oceano, a volte raggiungendo altezze di 100 piedi o più mentre si avvicinano alla riva.

Gli tsunami sono diversi dalle normali onde oceaniche perché non sono causati dal vento o dalle maree, ma piuttosto dallo spostamento dell'acqua causato da una perturbazione su larga scala. Possono viaggiare a velocità fino a 600 miglia all'ora nelle acque oceaniche profonde e le loro lunghezze d'onda possono arrivare fino a centinaia di miglia. Quando si avvicinano alla riva, l'acqua bassa fa rallentare le onde e aumentare di altezza, il che può portare a catastrofiche inondazioni e distruzione.

Gli tsunami possono essere devastanti per le comunità costiere, causando la perdita di vite umane e ingenti danni alle infrastrutture e alle proprietà. Sono stati sviluppati sistemi di allarme per aiutare le comunità costiere a prepararsi alla possibilità di uno tsunami, inclusi sistemi di allerta precoce e piani di evacuazione.

Quali attività umane influenzano la frequenza e la gravità dei pericoli naturali?

Le attività umane possono avere un impatto significativo sulla frequenza e sulla gravità dei pericoli naturali. Alcune delle principali attività umane che possono influenzare i pericoli naturali includono:

1. Cambiamenti nell'uso del suolo: quando gli esseri umani alterano i modelli di uso del suolo, come la deforestazione o l'urbanizzazione, possono cambiare il

paesaggio naturale e aumentare il rischio di pericoli naturali come frane, inondazioni e incendi.

2. Cambiamenti climatici: le attività umane come la combustione di combustibili fossili possono portare a un aumento dei gas serra e dei cambiamenti climatici, che possono causare eventi meteorologici estremi come uragani, ondate di caldo e siccità.

3. Gestione dell'acqua: il modo in cui gli esseri umani gestiscono le risorse idriche, come la costruzione di dighe e argini o l'alterazione dei canali fluviali, può influenzare la frequenza e la gravità delle inondazioni e della siccità.

4. Estrazione mineraria ed estrazione di risorse: l'estrazione mineraria e di risorse può causare cedimenti del terreno, terremoti ed erosione del suolo, aumentando la probabilità di pericoli naturali.

5. Sviluppo delle infrastrutture: la costruzione di infrastrutture come edifici, strade e ponti può alterare il flusso naturale dell'acqua e comportare

un aumento del rischio di inondazioni e smottamenti.

6. Smaltimento dei rifiuti: lo smaltimento improprio dei rifiuti può portare al degrado ambientale, alla contaminazione del suolo e a un aumento del rischio di frane.

Nel complesso, le attività umane possono avere un impatto significativo sulla frequenza e sulla gravità dei pericoli naturali. È essenziale adottare misure per mitigare questi impatti per ridurre il rischio per vite umane e proprietà.

Che effetto hanno le persone sul ciclo del carbonio?

Gli esseri umani hanno un impatto significativo sul ciclo del carbonio, principalmente attraverso la combustione di combustibili fossili e i cambiamenti nell'uso del suolo. Il ciclo del carbonio è un processo naturale in cui l'anidride carbonica (CO_2) viene scambiata tra l'atmosfera, gli oceani e gli organismi viventi.

La combustione di combustibili fossili come carbone, petrolio e gas naturale rilascia grandi quantità di anidride carbonica nell'atmosfera.

Questo eccesso di CO_2 contribuisce all'effetto serra, intrappolando il calore nell'atmosfera e portando al cambiamento climatico globale. Le attività umane contribuiscono anche ad altri gas serra, come il metano e il protossido di azoto, che aggravano ulteriormente il cambiamento climatico.

Anche i cambiamenti nell'uso del suolo, come la deforestazione e l'urbanizzazione, influenzano il ciclo del carbonio. Alberi e piante assorbono CO_2 dall'atmosfera attraverso la fotosintesi e la immagazzinano nella loro biomassa. La deforestazione riduce la quantità di carbonio che può essere sequestrata nelle piante e nel suolo, portando ad un aumento dei livelli di CO_2 nell'atmosfera.

Oltre a questi effetti diretti sul ciclo del carbonio, le attività umane possono anche avere un impatto indiretto su altre parti del ciclo del carbonio. Ad esempio, i cambiamenti nella temperatura e nelle precipitazioni possono alterare il tasso di decomposizione della materia organica, influenzando il rilascio di carbonio dal suolo e da altre fonti. Nel complesso, le attività umane hanno avuto un impatto significativo sul ciclo del carbonio e sul clima terrestre e affrontare questi impatti sarà fondamentale per mitigare gli effetti del cambiamento climatico.

In che modo gli scienziati migliorano costantemente le previsioni del verificarsi di calamità naturali utilizzando la tecnologia?

Gli scienziati utilizzano una varietà di tecnologie e metodi per migliorare le loro previsioni di calamità naturali. Ecco alcuni esempi:

1. Monitoraggio e modellazione: gli scienziati utilizzano tecnologie di monitoraggio come sismometri, immagini satellitari e stazioni meteorologiche per raccogliere dati sui disastri naturali. Quindi utilizzano questi dati per creare modelli che simulano il modo in cui si verificano le calamità naturali e sviluppano algoritmi di previsione basati sui modelli. Questi modelli vengono costantemente aggiornati e migliorati man mano che diventano disponibili più dati.

2. Apprendimento automatico: gli scienziati utilizzano tecniche di apprendimento automatico per analizzare grandi set di dati e identificare modelli che possono essere associati al verificarsi di disastri naturali. Questo può aiutarli a sviluppare modelli predittivi più accurati.

3. Telerilevamento: le tecnologie di telerilevamento, come droni e immagini satellitari, possono essere utilizzate per raccogliere dati su aree di difficile accesso o osservazione. Questi dati possono essere utilizzati per prevedere i disastri naturali in modo più accurato.

4. Sistemi di allerta precoce: gli scienziati utilizzano sistemi di allerta precoce per fornire avvisi alle persone nelle aree a rischio di disastri naturali. Questi sistemi possono utilizzare una varietà di tecnologie, inclusi telefoni cellulari, sirene e trasmissioni radio, per fornire avvisi e istruzioni tempestivi.

5. Citizen Science: gli scienziati spesso coinvolgono i cittadini scienziati nei loro sforzi per prevedere i disastri naturali.

Ciò può includere chiedere alle persone di segnalare modelli meteorologici insoliti o attività sismiche nella loro area o utilizzare dati di crowdsourcing per migliorare i modelli predittivi.

Nel complesso, il costante miglioramento delle previsioni sulle calamità naturali si basa su una combinazione di raccolta dati, modellazione, apprendimento automatico e coinvolgimento di una vasta gamma di parti interessate. Man mano che la tecnologia continua ad avanzare, è probabile che gli scienziati svilupperanno metodi nuovi e più efficaci per prevedere i disastri naturali.

Qual è una delle carriere più pericolose nella scienza?

Una delle carriere più pericolose nella scienza è probabilmente il lavoro sul campo in ecologia o biologia della fauna selvatica, in particolare per coloro che lavorano con animali grandi e potenzialmente aggressivi. Questo può includere ricercatori che studiano predatori come leoni, tigri e orsi, così come quelli che studiano animali velenosi come serpenti, ragni e scorpioni.

Questi ricercatori lavorano spesso in aree remote o selvagge, con accesso limitato alle strutture mediche o ai servizi di emergenza. Possono essere esposti a condizioni meteorologiche estreme, terreno pericoloso e altri pericoli. Inoltre, possono essere a rischio di contrarre malattie dagli animali che studiano o da altri fattori ambientali.

Altre carriere pericolose nella scienza includono quelle che comportano il lavoro con materiali radioattivi o pericolosi, nonché quelle che comportano la manipolazione di esplosivi o il lavoro in ambienti ad alto rischio come piattaforme petrolifere o immersioni in acque profonde.

Piove durante un picnic?

Se pioverà durante un picnic dipende dalle condizioni meteorologiche nel luogo in cui si svolge il picnic. È possibile che piova durante un picnic, soprattutto se il picnic si svolge durante una stagione o in una regione in cui la pioggia è comune. Tuttavia, è anche possibile che il tempo sia sereno e soleggiato durante un picnic. È sempre una buona idea controllare le previsioni del tempo prima di pianificare un picnic e avere un piano di riserva in caso di pioggia inaspettata o maltempo.